全天オーロラ日誌

田中雅美

光文社

Contents

Spring 1 7

- 霞かかる春の日 8
- 山並みに映える 10
- 春の湖畔に ① 11
- 春の息吹を待つ 12
- デンプスターハイウェイに ① 13
- トゥームストーンの山並みに ① 14
- デンプスターハイウェイに ② 16
- トゥームストーンの山並みに ② 18
- 山上のオーロラ ① 20
- 山上のオーロラ ② 22
- 春の湖畔に ② 23
- 天使舞う 24
- 解け始めた河に ① 26
- 解け始めた河に ② 26
- スプルースの森に 27
- 焼けた木々の上に 28
- 絶壁にはさまれた河に 30
- 雪解けの沼に 31
- 雪解けの河に ① 32
- ハイウェイ3に ① 34
- 北斗七星を摑んで 35
- 春に見られる最上部の紫 36
- 雲上の輝き 38
- ハイウェイ3に ② 39
- 雪解けの河に ② 40
- ストーム(磁気嵐)が発生した直後に 42
- 夕暮れの残照と 44
- 強烈なブレイクアップ ① 44
- 川面のフロストフラワーと ① 45
- 人生で一度だけの出現 46
- ストーム発生の晩に ① 48
- 強烈なブレイクアップ ② 49
- 雲間からの月と 49
- ストーム発生の晩に ② 50
- 夕暮れの空が残る頃 ① 52
- 夕暮れの空が残る頃 ② 52
- 雪解けの河と夕焼け空と 53
- 凍りつく湖面に ① 54
- 凍りつく湖面に ② 56
- 雪解けの河や湖に 57
- 夕焼けが残る湖の上で 58
- まだ雪をまとった春の森に 60
- 雲を突き抜けて 61
- 北斗七星を中心にブレイクアップ 62
- グレートスレーブ湖の空に ① 64
- トゥームストーンの山々 65
- 雪解けの河と夕焼け空と 66
- イングラハムトレイルの高台 68
- 木々の合間に 69
- 川面のフロストフラワーと ② 70
- ハイウェイ3に ③ 72
- 森の中を歩いていると 73
- 川面のフロストフラワーと ③ 74
- 氷が解けだす季節に 76
- 大規模な森林火災後の森を 78
- 夕暮れと夜の狭間に 79
- 残雪の河に映るもの 80
- まだ雪解けが進まない湖 82
- 森の中から 82
- 氷のお祭り 83
- 月が輝く晩 84
- 雪解けの河に ③ 86
- 白樺林の中を 88
- グレートスレーブ湖の空に ② 89
- 白夜前の5月2日 89
- 雪と氷と川面の反射と 90
- ストームが発生した日に 92

2 Summer

- 95
- すべてを写し込んでみると...96
- 霧の中の湖面に..................98
- 木道の向こうで..................98
- アッパーキャメロン滝にて①..99
- 小さな湖に........................100
- 湖面反射の撮影で.............102
- 激流の上に........................103
- 雲の厚さにも負けずに........103
- 湖に反射して....................104
- イエローナイフ空港の上空に...106
- 空港と一緒に湖に映り込む..108
- 滝の上にある大きな河の溜まりに..........110
- 振り返るとそこに...............111
- 自分の中の終着駅.............112
- 湖畔にて①......................114
- 積乱雲に発達しそうな雲と..114
- 岩と木々の上に.................115
- 高台より下を流れる河に....116
- 突入する飛行機................118
- 現れた虹とともに..............119
- 霧の湖に舞う....................119
- 湖上のドローンより...........120
- 世界初といわれたドローンによる撮影...........122
- 天の川を支えているかのような..124
- 湖面に映して....................125
- 360°パノラマで①............126
- 長時間露光で....................128
- 360°パノラマで②............130
- 街の夜景と河に停泊中のヨットと..132
- 月が沈む頃に....................132
- 湖上のヨットとと................133
- 満月が照らす大きな滝に....134
- ブレイクアップが終わった後で..136
- 湖に霧が立ち込めて..........138
- 湿地帯が広がる大きな湖のほとりで..139
- 満月とともに....................139
- 湿地帯を覆うかのような...140
- 森林火災の煙の影響..........142
- グレートスレーブ湖の空に③..142
- グレートスレーブ湖の空に④..143
- 湖畔にて②......................144
- 湿地帯の空に①................146
- 湿地帯の空に②................148
- アッパーキャメロン滝にて②..150
- 森林の上で......................152
- 天の川を背景に.................153
- 湖畔にて③......................153
- 突風が吹く下界の彼方で....154
- グレートスレーブ湖の空に⑤..156
- イヌクシュク(先住民の道しるべ)にて..157
- 360°パノラマで③............158
- ホワイトホースの近くで....160
- 先住民のティピー越しに①..162
- 先住民のティピー越しに②..163
- グレートスレーブ湖の空に⑥..164
- ビッグウエーブ.................166
- 無人島から......................168
- 湖面に反射をしながら......170
- 北極星に向けて.................172
- 湖辺にて..........................173
- 森の奥より......................173
- 濃霧が広がる森にて..........174
- 全天を覆い尽くす.............176
- 夏山の上空に....................178
- 湖畔にて④......................180
- 夏山上空に......................180
- 火球出現..........................181
- 宇宙から強烈に降り注ぐ..182
- 天空の祈り......................184

ユーコン準州　ノースウエスト準州　イエローナイフ

カナダ

アメリカ合衆国

3 Autumn

- ……………187
- アッパーキャメロン滝にて ③……188
- グレートスレーブ湖にて……190
- 昼間のような月明かりに……192
- 森林火災後の木々が湖面に映る場所にて……192
- 秋色が輝く湿原地帯で……193
- 河のバックウォーターにて……194
- ボートランチ上空に ①……196
- 北斗七星下に渦巻く湖上カーテン……197
- 小さな池にて ①……197
- 天空赤く染まる……198
- 小さな池にて ②……200
- 茂みの黄葉に……200
- 湖畔にて ⑤……201
- 夕暮れのイエローナイフの街上空に……202
- 湖畔にて ⑥……204
- イングラハムトレイルにて ①……206
- 全天の舞い……208
- 湖の上空に……209
- ライトに照らされた岩と木々と……209
- 街の中にある小さな湖に……210
- TVロケのシーンで……212
- 雲上にて……212
- プレリュード湖の湖畔の高台で……213
- 鉱山跡地にて ①……214
- 中秋の名月とブレイクアップ……216
- 晩秋の木々と……218
- 雲間から……219
- イングラハムトレイルにて ②……219
- 湖畔にて ⑦……220
- 360°パノラマで ④……222
- 秋色に輝く森の上に……224
- グレートスレーブ湖の空に ⑧……226
- 湖面をグリーンに照らす……226
- 湖面に反射して……227
- グレートスレーブ湖の空に ⑨……228
- ボートランチ上空に ②……230
- 出現の変化 ①……231
- 出現の変化 ②……232
- 出現の変化 ③……233
- 降り注ぐ赤いカーテン……234
- 湿原に変わりつつある河にて……236
- 霧立ち込める湖畔に……238
- 湖畔にて ⑧……238
- 天の川と交差する……239
- イングラハムトレイルにて ③……240
- 秋色の森に ①……242
- 秋色の森に ②……243
- 秋色の森に ③……243
- 湖畔にて ⑨……244
- 湖畔にて ⑩……246
- 先住民のティピー越しに ③……248
- 鉱山跡地にて ②……249
- アッパーキャメロン滝にて ④……250
- 秋の湿原に……252
- 湖畔にて ⑪……253
- 静寂な湖畔に……254
- お化けのような……256
- グレートスレーブ湖の空に ⑩……258
- 黄葉の終わりに……259
- 高台で待機していると……260
- ホワイトホースの山々の上空に……262

Winter 4

- 265
- 樹氷と霧氷の世界に ①……266
- 樹氷と霧氷の世界に ②……268
- 教会の空に…………………270
- 凍りつく森の上で ①………272
- 凍った湖の上に ①…………273
- 凍った湖の上に ②…………273
- 凍りつく森の上で ②………274
- 地平線のオリオン座に……276
- 気温低下中に………………276
- 凍りつく木々の周りで……277
- 空を覆う無数の渦巻き……278
- 冬の大三角形の中を………280
- 予報で強い出現を告知された日
- ………………………………282
- 海岸近くにて………………284
- 出会いは突然に……………285
- 凍った湖の上に ③…………286
- 丘の上で……………………288
- 見え始める瞬間……………290
- 天頂でブレイクアップ……291
- ストームが起こった日……292
- 森の木々と…………………294
- 雪深い森の中に……………294
- 満月と………………………295
- 滝直下より…………………296
- 夕焼けが残る時間に………298
- 森の中より…………………299
- キャビンの上に……………299
- 凍る河の上で………………300
- 360°パノラマで ⑤⑥………302
- フォートプロビデンスの教会…304
- 凍りつく森の上で ③………306
- 凍りつく森の上で ④………306
- 凍りつくマッケンジー川で…307
- 凍りつく森の上で ⑤………308
- 凍りつく森の上で ⑥………310
- 凍りつく森の上で ⑦………310
- 森の中にあった1本の木を中心に
- ………………………………311
- 静寂な森の中で ①…………312
- 静寂な森の中で ②…………314
- 静寂な森の中で ③…………316
- 凍りつく森の上で ⑧………318
- 6種類の出現パターン………320
- 凍った湖の上で……………322
- ボートランチ上空に ③……324
- 凍りつく森の上で ⑨………325
- 凍りつく森の上で ⑩………325
- ボートランチ上空に ④……326
- ライトアップされた氷の彫刻と…328
- イエローナイフ市内にある公園にて
- ………………………………329
- 氷の彫刻付近で……………330
- 森の木々の空に ①…………332
- 森の木々の空に ②…………332
- 森の木々の空に ③…………333
- ヘイリバーにあるアレキサンドラの滝
- ………………………………334
- 森の木々の空に ④…………336
- 森の木々の空に ⑤…………337
- 巨大な氷の塊の上空に……338
- キャビンの前で……………340
- 森の左側の空に……………340
- 森の遠くで…………………341
- 消えたり出たり明滅する…342
- バイクの先の木々の間から…344
- ハイウェイのトラックの向こうで…345
- ティピーの向こうで………345
- 360°パノラマで ⑦⑧………346
- 路上にて満月と……………348
- 森の木々の空に ⑥…………350
- 森の木々の空に ⑦…………350
- 森の木々の空に ⑧…………351
- 森の木々の空に ⑨…………352
- 上空の天の川と……………354
- 凍りつく森の上で ⑪………355
- 凍りつく森の上で ⑫………355
- マドレーヌ島の流氷上で…356
- 夕焼けの残照に……………358
- 湖の向こうに………………359
- ストームがやってきたとき…360
- 森の木々の空に ⑩…………362

- おわりに……………………364
- PROFILE……………………365

※本書の撮影場所はノースウエスト準州とユーコン準州、ケベック州東部マドレーヌ諸島、期間は2007年〜2024年9月です。フィルムカメラではなく、すべてデジタルカメラで撮影していますが、できる限り現場でのリアルなオーロラの色を尊重するため、画像処理は行っていません。

spring

氷が解け出し、草木の息吹が聞こえる春。
夕焼け空が夜遅くまで続き、天空をオーロラが舞う。
オーロラはときにパープルの光を放ちながら、人々を魅了する。
まもなく白夜がやってくる。

霞かかる春の日

山並みに映える
目的の場所に着く前に雪解けの山並みを囲むようにオーロラが現れ、慌てて車を停めて撮影する。

SPRING

春の湖畔に ①
月明かりに照らされた雪解けの川面とオーロラのダンス。

春の息吹を待つ
オーロラがわずかに出現し始めたので、フレームに山並みを入れて待機する。

デンプスターハイウェイに ①
このハイウェイの先には北極海がある。まだまだ遠いが、オーロラは人間に都合良くは待ってくれない。今が撮影チャンスか。

トゥームストーンの山並みに ①

SPRING

デンプスターハイウェイに ②
デンプスターハイウェイを走っているとトゥームストーン準州立公園の山並みが見えてきた。現れたオーロラは美しいとしか言いようのない姿を見せてくれた。

トゥームストーンの山並みに ②
トゥームストーンの山並みを月が照らし、オーロラが月明かりの中に現れる姿には息をのむ。

山上のオーロラ ①
晴れることが少ないこの季節だが、雲ひとつない夜にオーロラが現れ、明け方まで消えずに踊り続けた。

山上のオーロラ ②
残雪の山からブレイクアップ(爆発)するオーロラが現れる。

春の湖畔に ②
雪解けの川面に現れたオーロラのオープニングダンス。

天使舞う
多彩な色のカーテンが舞い続ける。

解け始めた河に ①
はるか遠くのトゥームストーンの山並み上空にオーロラが出る。

解け始めた河に ②
湖面の氷が解けだし、春を告げるオーロラ。

スプルースの森に
月が頭上で輝くスプルースの森の中に佇み、見上げると淡い色のオーロラが現れた。

焼けた木々の上に
カナダ史上最悪の森林火災を記録した2023年、森林火災後の焼けた木々の上空に強いオーロラが出現した。

絶壁にはさまれた河に
高さ30メートルを超える切り立った岸壁の間の河も4月になると氷が解けだし、その上空にオーロラが現れる。

雪解けの沼に
雪解けの沼を照らす月にオーロラが吸い込まれるかのようだ。

雪解けの河に ①
必ず撮影に出向く場所のひとつ、春は河の雪解けとオーロラが撮影できる。

ハイウェイ3にて ①
撮影地に向かう途中で突如オーロラに遭遇し、車を停めて撮影を開始

北斗七星を摑んで
オーロラは北斗七星が大好きなようで、このコラボは良くある姿です。

春に見られる最上部の紫
春のオーロラの特徴の一つは、最上部の色が紫に映ること。この大きなカーテンに、その特徴が良く出ている。

雲上の輝き
撮影を重ねることで、オーロラの色には様々なバリエーションがあることがわかってきたが、このオーロラは繊細な珍しい色で現れた。

ハイウェイ3に ②
撮影に向かう途中で現れたオーロラ。雲間から一気に顔を出す。

雪解けの河に ②
大きく曲がりくねる雪解けの河に、
オーロラが映える姿を撮るため、魚眼レンズを使って撮影。

SPRING

ストーム（磁気嵐）が発生した直後に
ストームが発生した直後に起きたオーロラのブレイクアップ。このときはとても素晴らしかった。

夕暮れの残照と
夕暮れの残照に揺らめきながらオーロラが現れた。

強烈なブレイクアップ ①
上空で強烈にブレイクアップするオーロラ。流れるように刻々と姿を変えるため、現場での撮影は思ったよりも難しい。

川面のフロストフラワーと ①
フロストフラワー(氷上に氷から昇華した水蒸気が付着して氷の結晶を作り、それが花のように見える自然現象)が咲く川面の上空で、オーロラのカーテンが出現。

人生で一度だけの出現
オーロラ撮影人生で一度だけしか見たことがない強烈なオーロラ。とにかく素晴らしかった。6本のラインがこちらに向かって走るように現れた。

ストーム発生の晩に ①
この日はストームが発生し、めったに見たことがない色の強いオーロラが一晩中現れたので、河の中に入り腰まで浸かって撮影した。

強烈なブレイクアップ ②
ブレイクアップするオーロラ。天頂で龍が現れるかの如くうごめいている。

雲間からの月と
雲間から月が顔を出すと、負けじとオーロラも現れた。

ストーム発生の晩に ②
猛烈なストームが地球に降り注ぎ、この日のオーロラはサーモンピンクやイエローなど、なかなか見ることができない珍しい色で現れた。

夕暮れの空が残る頃 ①
まだ夕暮れの空が残り、暗くなる前からオーロラが現れる。強いオーロラの出現を予感させる。

夕暮れの空が残る頃 ②
このオーロラも強くなる前兆で、暗くなる前にブレイクした。

雪解けの河と夕焼け空と
雪解けの河と夕焼け空に大きなオーロラが現れた。

凍りつく湖面に ①
オーロラをダイナミックに表現可能なパノラマ撮影。このときは北極星に向けて
カメラをセットし連続撮影後、比較明合成でオーロラと星の動きを表現した。

凍りつく湖面に ②
冬の間は車が通行する湖の上だが、4月後半を過ぎると解けだし通行禁止になる。
このときは通過できたが通る勇気はない。雲間からオーロラが見える。

雪解けの河や湖に
雪解けの河や湖にオーロラが映える。撮影には最高の季節が到来する。

夕焼けが残る湖の上で
夕焼けが残る湖の上で、多彩なオーロラがブレイクアップする。

まだ雪をまとった春の森に
まだ雪をまとった春の森にオーロラが舞う。

雲を突き抜けて
ピンク色が強いオーロラの出現。多少の雲なら突き抜けて現れる強さがある。

北斗七星を中心にブレイクアップ
春のオーロラの特徴である紫色が良く出ている、北斗七星を中心にブレイクアップする強いオーロラの姿。

グレートスレーブ湖の空に ①

凍るグレートスレーブ湖が解けだす季節、この時期にオーロラとコラボ撮影するタイミングが合わず、毎年叶わなかったが、ついに撮影ができた。

トゥームストーンの山々
春になると雪原から山肌が現れてくるトゥームストーンの山々。この時期に運良く撮影ができた。

雪解けの河と夕焼け空と
雪解けの河と夕焼け空とオーロラの揺らめき。この撮影もタイミング良く撮影することができた。

イングラハムトレイルの高台
オーロラの出現を見極めるための高台で待機していると、一瞬でオーロラが現れた。タイミングを逃さないため移動することができず、そのまま撮影をする。

木々の合間に
オーロラと木々の何気ない写真だが、初めて撮影したオーロラは、このようなシチュエーションだった。

川面のフロストフラワーと ②
春に起こるフロストフラワーの川面と繊細なカーテンをまといながら現れるオーロラの姿。

ハイウェイ3に ③
車で走っているとオーロラが出てくるケースは良くある。そんなときは少しだけ車を停めて撮影する。

森の中を歩いていると
見上げるとオーロラが出ている。森の中を歩いているとオーロラが出ているのに気がつかないことも多くある。

川面のフロストフラワーと ③
川面に反射するオーロラとフロストフラワーのコラボ。春だけに見られる現象だが、偶然が重ならないとなかなか見られない。

氷が解けだす季節に
氷が解けだし川面にオーロラが映りだすこの季節。天空ではオーロラがブレイク

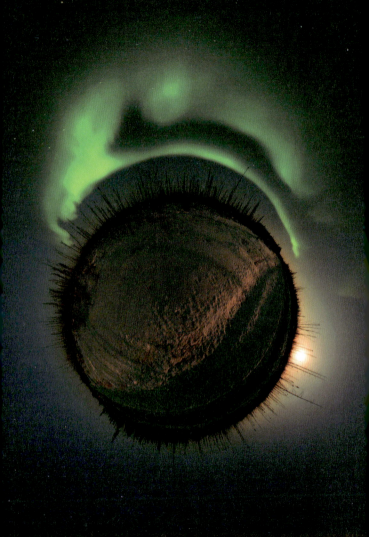

大規模な森林火災後の森を
大規模な森林火災後の森をパノラマで撮影してから、投影変換でリトルプラネットへ。全天を記録する表現方法のひとつである。

夕暮れと夜の狭間に
夕焼け空にオーロラが舞う。

残雪の河に映るもの
春にどうしても撮影したい風景のひとつが、残雪の河に映る逆さオーロラ。この年の場合は、氷の解け具合とオーロラとのタイミングがベストマッチした。

まだ雪解けが進まない湖
まだ雪解けが進まない湖だが、あと1週間もすると正面にある滝が解けだす。すると一気に春の様相に変わる。

森の中から
正面のオレンジ色は光害ではなくオーロラの色。森の中がいつもと違う雰囲気になる。

氷のお祭り
氷のお祭りに合わせて様々なものが作られるが、メインのお城はまだ製作中で、オーロラが上空を舞ってくれた。

月が輝く晩
月が輝く晩にオーロラのブレイクアップがコラボした。

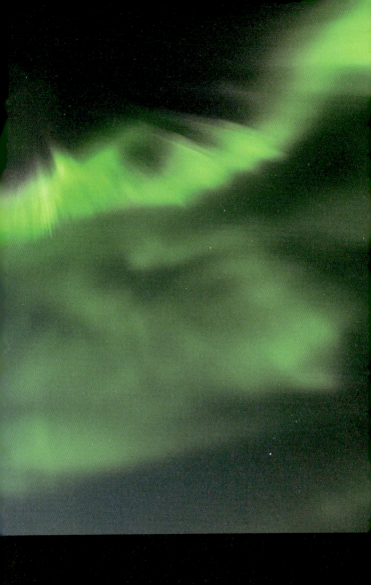

雪解けの河に ③
雪解けの河に反射するオーロラ。やがて正面から月が昇って来る。

白樺林の中を
スノーモービルの跡が付く白樺林の中を歩いていると、正面よりオーロラが出現する。

グレートスレーブ湖の空に ②
グレートスレーブ湖でオーロラの出現を待つが、なかなか現れない。あきらめようかと思っていた矢先、ついに姿を現した。

白夜前の5月2日
白夜前の5月2日、空は明るくオーロラ撮影はあと数日で終わる予定。その中でブレイクアップするオーロラが現れてくれた。

雪と氷と川面の反射と
自分のオーロラ撮影の中でお気に入り5本の指の中に入る作品。雪と氷と川面の反射と巻き込むオーロラのコラボ。

ストームが発生した日に
わずかなグリーンと紫とブルーに近い色だけのオーロラ。上空ではストームが発生し、珍しい色のオーロラが現れた日にタイミング良く居合わせることができた。

SUMMER

昼間は蚊の大群に外を歩くのも難儀する季節。
夜はフクロウやオオカミの鳴き声が響き、
森の中では獣が行動する時間だ。
強いオーロラが出る前にはオオカミが遠吠えをする。
夏はとても短いが、神秘的な撮影ができる。

すべてを写し込んでみると
240°まで写し込める特殊魚眼レンズを真上に向けて撮影すると、台地の半分くらいまで撮ることができる。このときはオーロラのブレイクアップまで撮影できた。

霧の中の湖面に
撮影は霧の中でも好んで行うが、なかなかうまく撮れない。このときは湖に映るオーロラと霧の幻想的な雰囲気が撮れたと思う。

木道の向こうで
雨上がりの霧立つ湖畔では、木道の向こうで雲間よりオーロラが顔を出す。

アッパーキャメロン滝にて ①
滝とオーロラ。最近この場所は人気スポットとなり、撮影するには狭い場所なので、夕方より前から待機していないと、場所取りがなかなかできない。

小さな湖に
小さい湖だがオーロラが出る方向と位置が良いので、狙っているとすぐ近くにクマが出てきて餌を探し始めた。撮影に集中できない状況となったが何とか撮影した。

湖面反射の撮影で

湖面反射の撮影は夏の定番となる撮影だ。このときは街灯に岩が照らされ良い効果が出た。

激流の上に
河の流れとオーロラのコラボ。この場所もクマが頻繁に出る年があり、撮影に足が向かないことも多い。

雲の厚さにも負けずに
夏の撮影では夕焼けが残るタイミングでオーロラが頻繁に出ることがある。これは薄曇りの中だが、雲の厚さに負けずオーロラが出てきたところ。

湖に反射して
満月に近い明るさの中で、オーロラが湖に反射する。

イエローナイフ空港の上空に
オーロラが空港の上空に現れても飛行機は無関係に飛ぶ。乗客はラッキーなことに、離陸時からオーロラの位置を確認しつつ、空高く舞い上がるまで眺めることができる。

空港と一緒に湖に映り込む
空全体を雲が覆っていたので、撮影をあきらめようかと迷っていると雲が流れ出し、強いオーロラの登場に思わず声が出てしまう。

滝の上にある大きな河の溜まりに
滝の上にある大きな河の溜まりに映るオーロラ。この辺りは吸い込まれそうになるくらいの静寂が広がる場所でもある。

振り返るとそこに
「振り返るとオーロラがそこに」とは、良くあるパターンだ。このときもそのパターンだった。

自分の中の終着駅
この写真を超えることが未だにできない。撮影していると、近くにいたビーバーに脅かされ、前方の森の中からは獣のうめき声が響き、もののけの宴が始まった。

湖畔にて ①
湖近くの高台からオーロラの状況を見ていると、突然渦巻き状タイプが現れた。
すかさず撮影作業に入る。

積乱雲に発達しそうな雲と
稲妻に照らされた積乱雲に発達しそうな雲と渦を巻き始めたオーロラとのコラボ。
この後は雷がひどくなり、早々に退散することになる。

岩と木々の上に
手前の岩と木々が街灯で照らされて、良い雰囲気が出たと思う。

高台より下を流れる河に
高台より下を流れる河にオーロラが映る。遠くでオオカミの遠吠えを聞く。撮影をしながら映画の主人公になったような気分を味わった。

突入する飛行機
オーロラの中を飛ぶ飛行機。乗客は窓からオーロラのブレイクアップを間違いなく見ていることだろう。

現れた虹とともに
オーロラの撮影場所に虹が現れる。この後の夕焼けとその後のオーロラは見事な美しさだった。

霧の湖に舞う
この日は明け方までオーロラが優雅に舞い続けた。

湖上のドローンより
TVロケでドローンを飛ばした。その軌跡と湖面の反射が面白く表現できた。

世界初といわれたドローンによる撮影
世界初といわれたドローンによるオーロラ撮影。オーロラが月を巻き込むように湖面を照らした。

天の川を支えているかのような
天の川を横切るオーロラは撮ってきたが、天の川を支えているかのようなオーロラは初めて撮影した。

湖面に映して
湖面に映すオーロラのリフレクション2パターン。どちらも夏秋にしか撮影できない代物だ。

360°パノラマで ①
360°パノラマで、右には月が出始めている(上)。昼間のような月明かり(下)。

長時間露光で
長時間露光で撮影すると、オーロラの色や天の川が良くわかる。

360°パノラマで ②
無人島でのパノラマ撮影でオーロラを撮る。夕方よりカメラをセットして夜中まで定点撮影を行う。予想通りオーロラは明け方まで踊り続けた。

街の夜景と河に停泊中のヨットと
イエローナイフの街の夜景と河に停泊中のヨットとオーロラのコラボ。ちょうど良い感じのオーロラが出現してくれた。

月が沈む頃に
夕焼けに見えてしまうが、月が沈んでオーロラが雲間から現れたところ。

湖上のヨットと
湖上のヨットの上空に渦巻き状のオーロラが現れる。

満月が照らす大きな滝に
大きな滝を満月が照らす。月明かりで撮影すると、昼間のように仕上がる時間に
オーロラが出始めた。ヘイリバーにある兄弟滝のひとつ、アレキサンドラの滝。

ブレイクアップが終わった後で
オーロラのブレイクアップが終わり、空に淡いグリーンの
オーロラがいつまでも残る。夜空の中心に天の川が見えてきた。

湖に霧が立ち込めて
湖に霧が立ち込めて撮影が厳しくなったとき、オーロラが円を描くように姿を変え、幻想的な世界が広がった。

湿地帯が広がる大きな湖のほとりで
湿地帯が広がる大きな湖のほとりでオーロラを待つ。数時間ほどで現れたオーロラは強烈な光を放ち、頭上で舞い続けた。

満月とともに
満月が強く湖面を照らすなか、周囲を取り囲むように幻想的なオーロラが出現した。

湿地帯を覆うかのような
ドームのような形の中に渦を描くオーロラの舞は、驚くほどの迫力があった。

森林火災の煙の影響
森林火災の煙が空に入ってきた、やがて撮る写真はすべて茶色くなった。

グレートスレーブ湖の空に ③
広大なグレートスレーブ湖に、グリーンの強いオーロラが現れる。まるで海としか思えない湖がグリーンに染まり始めた。

グレートスレーブ湖の空に ④
しだれ花火のようなオーロラが出現した。しかしこのオーロラは直後に大爆発を起こす。

湖畔にて ②
オーロラのカーテンが強烈な光を放ち、天空を舞い続けた。

湿地帯の空に ①
湿地帯の水面に強いオーロラが映っている。

湿地帯の空に ②
幻想的な湿地帯とオーロラのコラボ。

アッパーキャメロン滝にて ②

アッパーキャメロン滝とオーロラ。クマ出現の恐怖に怯えながら森の中を数十分歩くと現れる滝。最近は撮影者が来ない日がないほど大人気のようだ。

森林の上で
ブレイクアップをしながら夜空を駆け巡るオーロラに圧倒される。

天の川を背景に
赤色を多く含んだカーテン状のオーロラが天空を舞う。

湖畔にて ③
河の流水を照らしながら、グリーンのオーロラが現れる。

突風が吹く下界の彼方で
赤色が強い大きなカーテン状のオーロラが現れる。このときは風速20メートルを超える風が吹き、三脚が倒れカメラを壊した者が2名いた。

グレートスレーブ湖の空に ⑤
遠くにイエローナイフの街の夜景が見える。ここはグレートスレーブ湖の中にある無人島。

イヌクシュク(先住民の道しるべ)にて
このイヌクシュクとオーロラのコラボが撮りたくて場所を探し、ついに見つけて撮影した。

360°パノラマで ③
湖畔に突きでた岩盤上にパノラマカメラを設置して撮影。連続撮影し複数の画像の最も明るい部分または暗い部分を重ね合わせて1コマにし比較明合成を試みた(下)。

ホワイトホースの近くで
ホワイトホースの町からさほど離れていない場所でオーロラを待つ。東の空にグリーンのオーロラが現れ始める。右手にあるのは先住民のティピー(移動用住居)。

先住民のティピー越しに ①
曇り空の中でオーロラの出現を待つ。あきらめかけた頃に雲間よりかすかにオーロラの気配を感じた。

先住民のティピー越しに ②
天の川の撮影をしていると、わずかにオーロラのグリーンが出てきた。

グレートスレーブ湖の空に ⑥
夕焼けのグレートスレーブ湖の上空にオーロラが現れる。かなり早い時間からの出現に、夢中でシャッターを切る。

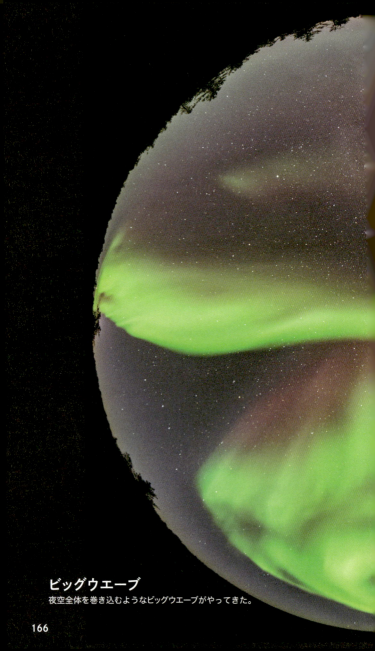

ビッグウエーブ
夜空全体を巻き込むようなビッグウエーブがやってきた。

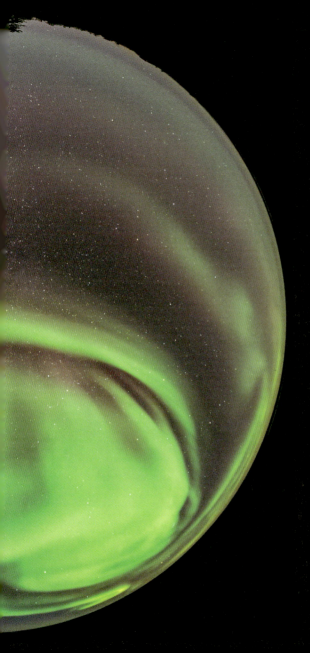
SUMMER

無人島から
イエローナイフの街からモーターカヌーで、湖の中にある無人島へ行き、オーロラを撮影。このとき街の上空にオーロラが現れた。

湖面に反射をしながら
湖面に反射をしながら1本の強いオーロラが走る。このオーロラが出るときは動きが活発で、最後にはブレイクアップをすることが多い。

北極星に向けて
北極星に向けて連続撮影後、比較明合成で星の軌跡を出す。オーロラも夜空全体に広がっている。

湖辺にて
グリーンの強いオーロラが上空より現れると、湖面もグリーンに照り返しだした。

森の奥より
森の奥からオーロラが出てくるかのような光景に息をのむ。

濃霧が広がる森にて
山のふもとから濃い霧が発生し、森の周囲から漂い出てくる。カーテン状のオーロラが降り注いでいる。

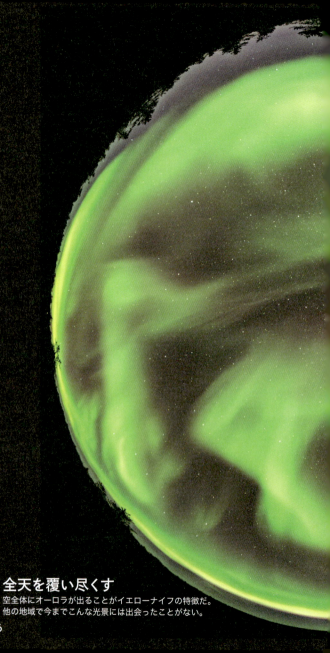

全天を覆い尽くす
空全体にオーロラが出ることがイエローナイフの特徴だ。
他の地域で今までこんな光景には出会ったことがない。

夏山の上空に
夏山の上空にゆっくりと淡いカーテンを閃かせながら、オーロラが踊る。

湖畔にて ④
静まり返る湖のほとりで、オーロラのシンメトリーを撮影していると、真正面真ん中より月が昇り驚いた。

夏山上空に
夏山上空にオーロラの強いカーテンが、ゆらゆらと舞う。

火球出現
オーロラが揺らめき始めると同時に、突然大きな火球が視界に飛び込んできた。
インターバル撮影をしていたので、タイミング良く捉えることができた。

宇宙から強烈に降り注ぐ
宇宙から強烈に降り注ぐオーロラのカーテン。このタイプのブレイクアップはオーロラの美しさが強調されて肉眼に焼きつくが、撮影自体はとても難しい。

天空の祈り
多彩な輝きを放ちながら、オーロラのカーテンが降る。

AUTUMN

木々が黄金色に変わり、
足元の小さい葉も真っ赤に染まる季節。
極北の秋色は美しく、動物たちも冬眠に備え忙しく動く。
何もかもが凍てつく厳冬期はもうすぐそこまで来ている。
空気の澄んだ夜空では、毎晩オーロラがダンスを繰り返す。

アッパーキャメロン滝にて ③

アッパーキャメロン滝で画角が240°の魚眼レンズを付け、夜空全体と滝まで入れ込む撮影。

AUTUMN

グレートスレーブ湖にて
夕日の残照が残るなか、グレートスレーブ湖にオーロラが現れた。

昼間のような月明かりに
昼間のような月明かりに照らされる湖畔。優雅で巨大なオーロラのカーテンが揺らめいた。

森林火災後の木々が湖面に映る場所にて
森林火災後の木々が湖面に映る場所を見つけたので、オーロラが現れるまで待った。ここでは実に3年越しの撮影になった。

秋色が輝く湿原地帯で

秋色が輝く湿原地帯でオーロラを待つ。満月に近い月に照らされていたが、カーテンを繊細に揺らしながらオーロラが現れた。

河のバックウォーターにて
河のバックウォーターでは、霧とともに低い位置でオーロラが現れ、理想的な位置で川面を照らし始めた。

ボートランチ上空に ①
町から近くてオーロラが撮れる場所として有名なボートランチ。街の夜景やヨットとコラボできるベストな撮影ポイント。

北斗七星下に渦巻く湖上のカーテン
湖上に輝くオーロラの舞。

小さな池にて ①
小さな池とオーロラのコラボ。空が明るくなる少し前にやっと撮影ができた。

天空赤く染まる
イエローナイフのオーロラは太陽風の速度や磁場強度とは全く関係なく、ときに予想外の色で荒れ狂う。この日のオーロラはこれまでにない色で現れた。

小さな池にて ②
月明かりに照らされた小さな池の上空でほのかにオーロラが現れる。

茂みの黄葉に
茂みの黄葉が進みピークに近い状況で、オーロラとのコラボが撮影できた。

湖畔にて ⑤
薄雲の中から現れたオーロラが、秋の湖と北斗七星の間に割り込んできた。

夕暮れのイエローナイフの街上空に

夕暮れのイエローナイフの街上空にオーロラが舞う。早い時間にオーロラが出る日は、夜も撮影できる傾向にある。

湖畔にて ⑥
晩秋の湖畔で薄明が始まる少し前に、月明かりの中をオーロラが舞い続けた。

イングラハムトレイルにて ①
イングラハムトレイルを走っていると、正面に素晴らしいオーロラが出現したので、慌てて車を停め撮影した。

全天の舞い
月明かりの中、天空では妖精が舞い続けた。

湖の上空に
湖の上空にオーロラが出た。低い位置に出ると反射で綺麗なシンメトリーになる。このときは理想の位置でオーロラが出たのでうまく撮れた。

ライトに照らされた岩と木々と
ライトに照らされた岩と木々とオーロラを撮影。

街の中にある小さな湖に

街の中にある小さな湖。靄と雲に隠された月とオーロラが、バランス良く撮影できた。

TVロケのシーンで
TVロケのシーンで撮影。タイミング良く強烈に渦を巻くオーロラが現れた。

雲上にて
雲上のオーロラのブレイクアップ、どれだけオーロラが爆発してもこれだけの雲を通ることはできない。

プレリュード湖の湖畔の高台で
プレリュード湖の湖畔の高台でオーロラを待っていると、雲間より現れてくれた。

鉱山跡地にて ①
鉱山跡地での撮影。このときはクマの恐怖に怯えながらだったが、夜空には一面にオーロラが輝いてくれた。

中秋の名月とブレイクアップ
満月の明かりを受けても全く影響しないほどの力強いオーロラ。

晩秋の木々と
晩秋の木々と天の川とオーロラの共演が始まる。

雲間から
雲間からオーロラのカーテンが現れる。

イングラハムトレイルにて ②
イングラハムトレイル終点の地で、かなり強いオーロラが複数現れ湖面を照らし始めた。

湖畔にて ⑦
大きな口を開き、まるで湖面を食べているかのようにも見える、強いパワーのオーロラ。

360°パノラマで ④
位置を若干変えているが、同じ場所で夕方と夜のオーロラ出現の比較撮影。

秋色に輝く森の上に
ライトを照り返す木々と空の輝きとで、錦秋のような色彩に。

グレートスレーブ湖の空に ⑧
グレートスレーブ湖でオーロラを待つ。しばらくすると雲間よりオーロラが顔を覗かせた。

湖面をグリーンに照らす
湖面をグリーンに照らすオーロラ。低い位置にオーロラが出ないと湖面が綺麗にグリーンに染まることはない。

湖面に反射して
湖面に反射しているオーロラの舞。風がなく静寂な日にしか撮れない。

グレートスレーブ湖の空に ⑨
グレートスレーブ湖の空に出るオーロラと月。この季節の月は上方に昇らず、完全ではないが横方向に移動する。白夜の始まりの季節。

ボートランチ上空に ②
ボートランチ上空に多彩なオーロラが出現した。

出現の変化 ①
天の川がとても良く出ている好条件の日。最初はグリーンのオーロラから、やや赤色に変化する。

出現の変化 ②
徐々に強いオーロラに変化して空一面オーロラに覆われた。

出現の変化 ③
強いオーロラが出たので、このときは周りにいたオオカミが一斉に吠えた。

降り注ぐ赤いカーテン
コロナ系のオーロラには、「夢のレッドコロナ」というパターンで出現するものがある。
このオーロラとの遭遇はそれに近かった。

湿原に変わりつつある河にて
河が湿原に変わりつつある。ここも現在は水がなくオーロラの反射を撮ることはできなくなった。湿原はやがて陸地に変わる。

霧立ち込める湖畔に
霧立ち込める湖畔にオーロラが舞う。なんとも幻想的な写真になった。

湖畔にて ⑧
湖面に反射しているオーロラを星々とともに撮る。条件が良くないとなかなか綺麗には撮影できない。

天の川と交差する
オーロラを待っている間に天の川の撮影をしていると、右側よりピンクのオーロラが天の川と交差するように現われた。

イングラハムトレイルにて ③
イングラハムトレイル終点の地にて、湖に映り込むことでシンメトリーになる。

秋色の森に ①
この日は天の川を撮りに来た。するとオーロラが現れ横切り始めた。

秋色の森に ②
宇宙の彼方よりオーロラの気配が近づく。

秋色の森に ③
秋色の森に天の川とオーロラの共演を狙う。イングラハムトレイル終点の地で、予想を超える強いオーロラが複数現れ、木々を照らし始めた。

湖畔にて ⑨
雲間から覗くオーロラ。明かりと雲が良い雰囲気でオーロラを引き立てた。

湖畔にて ⑩
オーロラと木々の完全シンメトリーの撮影。風のない好条件の中で撮影ができた。

先住民のティピー越しに ③
ティピー越しに現れたオーロラは、上に丸く下にカーテンとめったに見られない姿だった。

鉱山跡地にて ②
グリーンベースのオーロラの後に、カラフルな色を放つオーロラが鉱山跡地を照らし始めた。

アッパーキャメロン滝にて ④
アッパーキャメロン滝にオーロラが舞い降りる。何年も狙い続け、やっと気に入った撮影ができた。

秋の湿原に
秋の湿原に霧が出ると、いきなりオーロラが現れた。

湖畔にて ⑪
秋になると早い時間からオリオン座が昇る。そのタイミングでオーロラが重なるように出てきた。

静寂な湖畔に
夜半前より活発なオーロラが七変化を繰り返し、天空を舞い続けた

お化けのような

お化けのような面白い姿のオーロラが出現した。

グレートスレーブ湖の空に ⑩
グレートスレーブ湖上に現れた強いオーロラ。

黄葉の終わりに
黄葉もそろそろ終わりが近づく季節、運良く雲間よりオーロラが出てくれた。

高台で待機していると

東側が良く見える高台で待機しているとオーロラが現れる。ゆっくりと穏やかなカーテンが揺らめいていた。

ホワイトホースの山々の上空に
ホワイトホースの山々の上空一面にオーロラが現れる。山の低い位置には濃い霧が立ち込め、幻想的な雰囲気が出てきた。

Winter 4

木々も大気も凍りつくような厳冬期は、
日によっては−50℃以下にもなる季節。
乾燥した雪中を歩けばブーツとこすれて奇妙な音楽を奏でだす。
カメラも凍りつき、撮影もままならない厳しい季節だが、
そんな環境下でもオーロラが現れると、
優しいぬくもりが感じられるのが不思議だ。

WINTER

樹氷と霧氷の世界に ①
−41℃。周りの木々すべてが凍りついた樹氷と霧氷の世界。満月が氷の木々を照らし、オーロラはその明るさに負けないパワーで現れる。

樹氷と霧氷の世界に ②
淡いオーロラのカーテンが現れる。寒さでレンズが凍りだし、星々にソフト効果が出る。

教会の空に
イエローナイフより300キロ近く南下した場所で遭遇したオーロラは、高緯度オーロラ(緑色)と中緯度オーロラ(赤色)との共演。前代未聞の光景に呆然とした。

凍りつく森の上で ①
厳冬期の森の中は樹氷で覆われていた。期待して待っていると現れたのは、これまで経験したことのない赤紫色のオーロラだった。

凍った湖の上に ①
凍った湖の上でオーロラを待っていると、4本の強いオーロラが現れる。この後も形を変えながら、明け方まで舞い続けた。

凍った湖の上に ②
凍った湖に盛り上がるビーバーの巣。彼らは冬眠はしないので、氷の下ではきっと私を迷惑だと思っていることだろう。

凍りつく森の上で ②
凍りついた森と2色のオーロラ。出現前日まで5日間滞在し、ひたすら現れるのを待った、その甲斐あって珍しいオーロラの撮影ができた。

地平線のオリオン座に
緯度の高いこの地域ではオリオン座が地平線から近いところを移動する。そのためオーロラが横切る撮影ができる。この日の写真は運良く横切り撮影ができた。

気温低下中に
気温が低下しカメラが作動せず撮影ができなくなったメンバーは、キャビンの中で暖をとっている。そのタイミングで強いオーロラが現れ、私は彼らに恨まれた。

凍りつく木々の周りで
凍りつく木々の周りにいると、ホワイトフォックスがやってきて座り、こちらをずっと見ていた。まもなくオーロラが正面より現れ、3回まわるとどこかへ行ってしまった。

空を覆う無数の渦巻き
たくさんの渦を巻くオーロラの姿。なかなかお目にかかれない。

冬の大三角形の中を
ベテルギウス、シリウス、プロキオン、冬の大三角形の中を横切るオーロラ。

予報で強い出現が予測された日
オーロラ予報で「今日の出現は強い」と予測された日、天頂に向けて魚眼レンズを設置して待機していると、強烈なオーロラが真上でブレイクアップし暴れまくった。

海岸近くにて
海岸近くでオーロラの出現を待っていると、ついに現れた。

出会いは突然に
真上を見るとオーロラが爆発するところだった。出会いは突然だ。

凍った湖の上に ③
凍った湖に降り注ぐ、幾重にも重なるオーロラのカーテン。

丘の上で
丘の上でオーロラを待っていると、雲間よりオーロラが出てきた。

見え始める瞬間
オーロラの出現の最初は、この程度の姿から見えるようになる。

天頂でブレイクアップ
天頂でブレイクアップするオーロラ。

ストームが起こった日
ストームが起こった日の赤と紫のオーロラ。凍った河の上に立ち、ガマの穂を入れての撮影。

森の木々と
森の木々とオーロラのコラボ。

雪深い森の中に
雪深い森の中に入りオーロラを待っていると、大きなカーテン状の下側をピンクに光らせながら出現した。

満月と
満月と交差するオーロラのコラボ。

滝直下より
滝を下から撮るために3キロ以上、下流より凍った河の上を歩く。数時間かかって辿り着いた場所からのオーロラは絶景だった。

夕焼けが残る時間に
気温−32℃。夕焼けが残る時間に月とオーロラのコラボが撮影できた。背景は大規模な森林火災後の森。

森の中より
森の中より強いオーロラの出現。魚眼レンズでも入りきらないほど大きい。

キャビンの上に
雲が多い日だったので期待できなかったが、キャビンの上に夜半より雲の上でオーロラが出現。

凍る河の上で
凍る河の上でオーロラの出現を待つ。しばらくすると、とんでもない規模のオーロラが頭上に降り注いだ。

360°パノラマで ⑤
オーロラ、幻月、ムーンピラー、ライトピラーなどを一度に撮影。この撮影も人生で一度だけのケースだと思っている。気温も初の経験で−55℃だった。

360°パノラマで ⑥

パノラマ360°撮影でハイウェイを走るトラックのライトの軌跡を入れながら、ブレイクアップするオーロラと月を絡めて撮影。

フォート・プロビデンスの教会
フォート・プロビデンスの教会、ここでオーロラ撮影のために待機していると奇跡が起こる。十字架や窓の欄干などにフクロウが留まるとオーロラが現れるのだ。

凍りつく森の上で ③
極寒でカメラも凍りつき動くカメラは1台だけ。それもいつ止まるか不明な状況で、北向きにカメラが止まるまで連続撮影、その後は比較明合成で星の軌跡を出す。

凍りつく森の上で ④

凍りつくマッケンジー川で
流氷のように凍りつく現象が起こるこの河は北極海に続く大河だ。しばらく待っているとオーロラが現れ、天空を暴れまくってくれた。

凍りつく森の上で ⑤
強いオーロラが出る予報だったので、森の中で待機していた。かなり時間が経った頃だと思う。赤と黄色に光るオーロラが出てくれた。

凍りつく森の上で ⑥
パノラマからの切り出しで広範囲をカット。腰まで雪の中にはまり、しばらく脱出ができなくなったが、何とか抜けだして撮影できた。

凍りつく森の上で ⑦
雪で凍る森の中で待つこと数時間。やっとの思いで撮影できたカット。新雪の森に入るときは、雪の上を歩く際に使用するカンジキがないと大変なことになる。

森の中にあった1本の木を中心に

森の中にあった1本の木を中心にオーロラを待つ。寒さも限界に近くなり、一度車に戻ろうかと思っていた矢先にオーロラが現れてくれた。

静寂な森の中で ①
静寂な森の中で見上げると、わずかに空がグリーンに見えてくる。数時間もかからずオーロラが現れる。

WINTER

静寂な森の中で ②
出始めのオーロラ。この直後あっという間にブレイクアップした。

静寂な森の中で ③
全天にオーロラが広がり、ブレイクアップを起こす。

凍りつく森の上で ⑧
北側を中心にパノラマ撮影を行う。オーロラの出る角度は予測の通りで、うまく2枚をつないだ。

6種類の出現パターン
6種類の全天のオーロラ出現パターン。この他にも無限に形はある。

凍った湖の上で
このカットも人生で一度かもしれない。月の周りに各種の光学現象が出ており、その上に龍の如きオーロラがブレイクアップしている姿である。

ボートランチ上空に ③
ボートランチでの撮影。船を入れて撮りたかったので、オーロラが出るまで待とうと覚悟を決めたら、すぐに顔を出してくれた。

凍りつく森の上で ⑨
気温が下がり雪の上を歩くと、雪とブーツのこすれるキュッキュッという音が寒さを物語る。そんな私をオーロラは優雅に迎えてくれた。

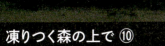

凍りつく森の上で ⑩
秋から冬への季節の変化を告げる使者、オリオン座を横切る緑色のオーロラ。

ボートランチ上空に ④
停泊した船とオーロラのコラボ。北斗七星と北極星とカシオペア座の3点セットがオーロラの背後に写っている。

ライトアップされた氷の彫刻と
氷の彫刻に反射するオーロラ。

イエローナイフ市内にある公園にて
イエローナイフ市内にある公園は、12月になるとイルミネーションが飾られ大変素晴らしい。オーロラとのコラボは、数回の撮影でうまくいった。

氷の彫刻付近で
氷の彫刻付近で大きなカーテンを開くオーロラが現れた。

森の木々の空に ①
この日も強いオーロラが出る予報だったので、森の中で待機していると、月の明るさに負けない細かいカーテンが重なるようなオーロラが現れた。

森の木々の空に ②
森の木々と重なるようにオリオン座が。その上に浮かぶ月の真ん中に、オーロラのカーテンが現れる。

森の木々の空に ③
凍っている森と輝く星々とオーロラの舞。カメラも凍りつく厳しい寒さのなかでの撮影だった。

ヘイリバーにあるアレキサンドラの滝
厳冬期は非常に厳しい寒さになるがオーロラの出現を待った。その甲斐あって素晴らしいオーロラとのコラボが撮影できた。

森の木々の空に ④
ゆるやかなカーブを描きながら、強いオーロラが現れる。

森の木々の空に ⑤
かなり強いオーロラのブレイクアップ。

巨大な氷の塊の上空に
巨大な氷の塊を見つけ、この位置で数日動かず様々なオーロラの姿を撮影した。
気に入った風景を発見した場合、その風景の中にオーロラが入るまで待ち続ける。

キャビンの前で
キャビンの前で待つが、なかなか出オーロラがない日で、あきらめかけた頃にやっと現れた。

森の左側の空に
森の左側の空に、オーロラと見間違えやすいスティーブ（未知の紫色の発光現象）が現れているのが見てとれる。

森の遠くで
森の遠くで、かなり強いオーロラのブレイクアップが始まっている。

消えたり出たり明滅する
「脈動オーロラ」という、イエローナイフでは、めったに発生しないオーロラのひとつ。流れるような動きをせず、消えたり出たり明滅する珍しいオーロラ。

バイクの先の木々の間から

バイクが雪に半分埋まっているが、春には稼働するらしい。バイクの先の木々の間からオーロラが現れる。

ハイウェイのトラックの向こうで
トラックが通りテールランプの軌跡を残す。オーロラの動きは活発で、かなり強い光を放っている。

ティピーの向こうで
布をかけていないティピーとオーロラのコラボ。

360°パノラマで ⑦
森の中でパノラマ撮影。月の周りの月暈(げつうん)とオーロラとのコラボ。

360°パノラマで ⑧
360°パノラマによる表現で、全天がオーロラで埋め尽くされているのがわかる。

路上にて満月と
車で走っていると、凄いオーロラの出現に、思わず路肩から撮影。

森の木々の空に ⑥
淡いグリーンと黄色系のオーロラが現れる。強いオーロラのパターンで、夜中まで出続けた。

森の木々の空に ⑦
ブルーのオーロラが出現した。ストームが発生したときに出ることがあるが、なかなかお目にかかれない。

森の木々の空に ⑧
空にオーロラの気配もなく出現もしなかったが、突如このオーロラだけが現れた。
まるでクエスチョンマークのようだ。

森の木々の空に ⑨
強い調子のオーロラ。赤が多く出るパターンで迫力がある。

上空の天の川と
アンドロメダ星雲まで写り、とても空の状態が良かった。

凍りつく森の上で ⑪
真冬の森の撮影に比較明合成をして星の軌跡を表現。

凍りつく森の上で ⑫
厳冬期の森の中で上を見上げると、空いっぱいのオーロラで埋め尽くされていた。

マドレーヌ島の流氷上で
霧が発生した日に撮影をすると、中緯度オーロラが出ていた。

夕焼けの残照に
夕焼けの残照に巨大なオーロラが現れ、ブレイクアップを始めた。めったにないほど美しい姿だった。

湖の向こうに
イエローナイフではあまりお目にかかれないスティーブ。これはオーロラではない現象である。

ストームがやってきたとき
ストームがやってきたときのオーロラの色。このときほど多彩なオーロラの姿を見たことはない。

森の木々の空に ⑩
細かいカーテンが何枚も入り組みながら出現しているオーロラ。めったに見られるものではない。このカットも人生一度だけのように思える。

おわりに

　オーロラに魅せられたのは銀塩写真の時代に「デジタル写真」という言葉が現れた頃だと思います。当時はフィルムカメラで撮ることがすべてであると思い込んでいました。しかし時代の流れは確実にデジタル化へと向かい、そのタイミングで北欧へ撮影に行くきっかけがあり、1997年にフィンランドのラップ地方に降り立ちました。そしてそこで初めて見たオーロラの美しさは感動的で忘れられず、今でも目に焼き付いています。

　日本に戻ってからもオーロラ撮影のことが気になり、「もう一度行きたい、オーロラを撮りたい」という気持ちが日々高まりました。やがて自分を抑えることができなくなり、数年後には本格的にオーロラ撮影にのめり込むことになりました。オーロラの姿を求め、北欧、アラスカへと渡り、最後にカナダへと辿り着きました。

　カナダで見たオーロラは、それまで見たものとは全く異質のオーロラで、現在に至るまでカナダのノースウエスト準州、ユーコン準州をメインに撮影をしてきました。なかでもノースウエスト準州のイエローナイフには60回近く足を運び、撮影日数は500日になりました。

　当初は自然の中で人工物のない場所でオーロラを撮影してばかりいましたが、最近では現地での日常生活とオーロラの自然な姿が撮りたくなってきています。

　本書にはカナダでの20年以上の撮影の記録を収めています。季節ごとに同じ場所から撮影したものや一度きりのものまで、私が思い立って訪れた場所での撮影日誌です。

　オーロラの神秘的で優雅な姿を、皆さんに感じていただけたら幸いです。

写真家　田中雅美

PROFILE
田中雅美　[たなか・まさみ]
写真家

幼少期より写真に興味を持ち、18歳の時には自宅に暗室を建て、カラー写真の現像とリバーサルフィルムの現像まで始める。その後、写真専門学校を経てフィルム会社で手焼きに従事。2年で独立、ネイチャーフォト全般の撮影を始めに1998年より北緯60度以上の自然撮影を始める。23歳の時、渓流でヤマセミと出会う。その時見た姿に魅了され、以後12年間かけて撮影に没頭。そして写真集『山翡翠』（クレオ）を上梓。展覧会は富士フィルムフォトサロンを始めコニカミノルタプラザなど全国で行う。オーロラの写真をアートに仕上げた作品は画廊での展覧会などで発表。都内の画廊で行われた黒澤明の版画「影武者」展覧会にオーロラアートで参加。狭山市立博物館で企画展「田中雅美写真展〜オーロラの旅へ〜」を開催。オーロラの撮影や画像処理についてはアマチュアからプロまでを対象に指導するカルチャースクールを2007年から2010年にかけてNHKや工学院大学で開催。またオーロラ写真集『極北の絶景パノラマ・オーロラ』（河出書房新社）、『極光の彼方 リアルタイム・オーロラ』（廣済堂出版）を刊行。その美しい絶景写真のみならず、付録DVDのオーロラ映像も話題となる。新聞では主にフジサンケイグループ系列で作品を発表、テレビではNHK、BS-TBS、日本テレビ、NHK-BSプレミアムなどのネイチャー番組に出演、作品を提供する。ほかに、ネイチャー誌や旅行誌、様々なパンフレットやポスターなどへの作品提供も多数。カナダ観光局およびノースウエスト準州観光局公認の自然写真家。公益社団法人日本写真家協会（JPS）会員。現在、海外取材のほとんどがオーロラのVR360°パノラマ写真撮影とリアルタイム動画撮影に関するものである。

主な出演番組
NHK-G 天空のスペクタクル 〜オーロラ・四季の絶景〜
NHK-4K いとしのオーロラ〜カナダ・北の大地の絶景と人々の物語〜
NHK-8K 超高画質8Kタイムスケイプの世界
BS-TBS 地球絶景紀行 〜カナダ極北オーロラの聖地へ〜
BS-TBS 新地球絶景紀行 〜奇跡の光・北米大陸紀行〜
NHK-BSプレミアム4K すごい空見せます！　劇的気象ミュージアム
NHK-BSプレミアム4K すごい空見せます！　劇的気象ミュージアムⅡ
TOKYO FM AuDee カナダの、その奥へー。

【Facebook】
https://www.facebook.com/masami.tanaka.90/

全天オーロラ日誌
2024年11月30日初版1刷発行

著　者	田中雅美
発行者	三宅貴久
装　幀	アラン・チャン
印刷所	近代美術
製本所	ナショナル製本
発行所	株式会社光文社 東京都文京区音羽 1-16-6（〒112-8011） https://www.kobunsha.com/
電　話	編集部 03(5395)8289　書籍販売部 03(5395)8116 制作部 03(5395)8125
メール	sinsyo@kobunsha.com

Ⓡ＜日本複製権センター委託出版物＞
本書の無断複写複製（コピー）は著作権法上での例外を除き禁じられています。本書をコピーされる場合は、そのつど事前に、日本複製権センター（☎ 03-6809-1281、e-mail : jrrc_info@jrrc.or.jp）の許諾を得てください。

本書の電子化は私的使用に限り、著作権法上認められています。ただし代行業者等の第三者による電子データ化及び電子書籍化は、いかなる場合も認められておりません。

落丁本・乱丁本は制作部へご連絡くだされば、お取替えいたします。
Ⓒ Masami Tanaka 2024　Printed in Japan　ISBN 978-4-334-10476-4

全天オーロラ日誌

田中雅美

光文社新書